BEI GRIN MACHT SICH IHR WISSEN BEZAHLT

AF155083

- Wir veröffentlichen Ihre Hausarbeit,
  Bachelor- und Masterarbeit

- Ihr eigenes eBook und Buch -
  weltweit in allen wichtigen Shops

- Verdienen Sie an jedem Verkauf

**Jetzt bei www.GRIN.com hochladen
und kostenlos publizieren**

Bibliografische Information der Deutschen Nationalbibliothek:

Die Deutsche Bibliothek verzeichnet diese Publikation in der Deutschen National-
bibliografie; detaillierte bibliografische Daten sind im Internet über http://dnb.d-
nb.de/ abrufbar.

Impressum:

Copyright © 1989 GRIN Verlag, Open Publishing GmbH
Druck und Bindung: Books on Demand GmbH, Norderstedt Germany
ISBN: 9783640330102

Dieses Buch bei GRIN:

http://www.grin.com/de/e-book/5867/herstellung-und-verwendung-des-allrounders-
kunststoff

Christian Winkelmann

Herstellung und Verwendung des Allrounders Kunststoff

GRIN Verlag

GRIN - Your knowledge has value

Der GRIN Verlag publiziert seit 1998 wissenschaftliche Arbeiten von Studenten, Hochschullehrern und anderen Akademikern als eBook und gedrucktes Buch. Die Verlagswebsite www.grin.com ist die ideale Plattform zur Veröffentlichung von Hausarbeiten, Abschlussarbeiten, wissenschaftlichen Aufsätzen, Dissertationen und Fachbüchern.

Besuchen Sie uns im Internet:

http://www.grin.com/

http://www.facebook.com/grincom

http://www.twitter.com/grin_com

Freie Universität Berlin   SoSe 89

FB Chemie
Grundkurs: "Chemische Industrie"

Christian Winkelmann
8. Semester

Hausarbeit :

K U N S T S T O F F E

Inhaltsverzeichnis

Kunststoffe

1. Was sind Kunststoffe ?
   Seit wann gibt es sie und warum ?
   Wo liegen die Vor- und Nachteile ?

Seit Jahrtausenden liefert die Natur dem Menschen organische Werkstoffe, die wie Holz,
Wolle, Pflanzenfasern, Stroh, Leder und Baumwolle aus makromolekularen
Verbindungen aufgebaut sind. Makromoleküle sind ihrerseits aus vielen einzelnen
Atomen zusammengesetzte Moleküle von hohem Molekulargewicht. Die vielseitige
Verwendbarkeit der oben genannten Naturprodukte ließ es dem Menschen wünschenswert
erscheinen, diese Stoffe nachzuahmen, also künstlich herstellen zu können – denn der
Ertrag war bei den Naturprodukten immer abhängig von den Launen der Natur, also vom
Wetter und vom Klima. Außerdem würde die künstliche Herstellung eine
Selbstversorgung auch dort möglich machen, wo das jeweilige Naturprodukt nicht oder
nicht ausreichend vorhanden war – das wiederum bedeutete eine geringere Abhängigkeit
vom Import. Es galt also, das molekulare Bauprinzip der Naturstoffe zu erkennen, um sie
nachahmen zu können und dann eventuell sogar zu übertreffen.

Zunächst gelang es vor etwa hundert Jahren, vorhandene Naturstoffe chemisch
umzuwandeln: Aus dem Naturstoff Kautschuk entwickelte man vulkanisierten
Kautschuk, der härter ist und die Grundlage zur Herstellung von Autoreifen, Schläuchen
und Schuhen. Wenig später wurde aus Zellulose das Zelluloid, bekannt als damalige
Basis für die Herstellung von Filmen, heute vor allem das Material für Tischtennisbälle.
Auch Zellwolle und Kupferspinnfasern sind solche Umwandlungsprodukte. Aber erst mit
der Entdeckung grundlegender Einzelheiten der molekularen Zusammensetzung dieser
Kunststoffe konnte man dann vor etwa 80 Jahren dazu übergehen, makromolekulare
Stoffe vollkommen synthetisch, also künstlich, herzustellen. In irgendeiner Phase ihrer
Gewinnung haben alle diese Kunststoffe einen gewissen Grad der Verformbarkeit, daher
nennt man sie auch „plastische Massen". Der Begriff „synthetisch" bezieht sich auf das
Verfahren, Makromoleküle aus Stoffen mit kleinen Molekülen (Monomeren) zu bilden –
man nimmt also eine Synthese vor. Das Verfahren selbst heißt Polymerisation. Polymere
sind immer aus Makromolekülen gebildet, die durch Zusammenschluss vieler kleiner
Moleküle entstanden sind. Auch Kunststoffe sind also Polymere.

Am Beispiel der Elektroindustrie, die leicht formbare und zugleich gut isolierende Stoffe benötigt (die in der Natur so nicht vorhanden sind), lässt sich die mit dem technischen Fortschritt einhergehende Notwendigkeit ablesen, immer bessere, neue Kunststoffe zu entwickeln, z.b. für Steckdosen, Schalter und die Gehäuse von elektrischen Geräten. Mit dem Erdöl als wichtiger Grundlage für die Herstellung von Kunststoffen hängen der Aufstieg der Ölstaaten am Golf und der Versuch der Industrieländer zusammen, durch eigene Ölförderung die also nun wieder entstandene Abhängigkeit vom Import zu verringern.

Kunststoffe ermöglichen den sparsameren Umgang mit natürlichen Ressourcen, deren Geldwert mit ihrer Knappheit gestiegen ist (z.b. Holz), während Kunststoffe relativ billig sind. Sie können Ersatz oder Ergänzung für natürliche Stoffe sein. Ein großes Problem aber ist die schwierige Beseitigung von Kunststoffabfällen. Kunststoffe werden durch Umwelteinflüsse und Bakterien kaum zersetzt. Die Lagerung der Abfälle erforderte also ständig neue Mülldeponien. Die Beseitigung des Kunststoffmülls kann nur durch Verbrennung erfolgen, was allerdings sehr kostspielig ist, wenn es umweltfreundlich erfolgen soll. Momentan sind die Abgasfilteranlagen teurer und voluminöser als die Verbrennungsanlagen selbst. Beim Verbrennen entsteht aber auch Energie, die anderweitig genutzt werden kann. Im Falle einer gut organisierten, sorgfältigen Trennung der Kunststoffabfälle aus Industrie und Privathaushalt vom sonstigen Abfall kann Kunststoff allerdings auch problemlos wiederverwertet werden. Also kann man Kunststoffe getrost als zunehmend umweltfreundlich ansehen.

Die Begeisterung des Verbrauchers für die Kunststoffe hat sicherlich seit dem Boom bei deren Auftauchen, besonders in den 50er Jahren, wieder nachgelassen. Es lässt sich der Trend beobachten, dass, wer es sich leisten kann, in der Tat lieber Gartenmöbel aus Holz oder Blumentöpfe aus Keramik wählt, während auch in diesen Fällen Kunststoffprodukte vor einiger Zeit noch als schick und modern galten. Die hygienischen Vorteile bei Wegwerfbesteck aus Plastik (= Kunststoff) stehen dem Argument gegenüber, es sei Verschwendung. Andererseits kann es nur Kopfschütteln verursachen, dass in japanischen Schnellimbissen Millionen von Wegwerf-Ess-Stäbchen noch immer aus Holz gefertigt sind.

Verformbarkeit und Haltbarkeit mancher Kunststoffe (man denke an Kunstleder oder Tennisbälle) sind von Naturstoffen nicht erreichbar, Herstellung und Erwerb von Kunststoffen sind in der Regel wesentlich preiswerter. Kunststoffe haben meistens ein geringes Gewicht, sind bruchfest und wärmeisolierend (z. B. die Griffe von Kochtöpfen und Bratpfannen). Ihre Reaktion mit Chemikalien und beim Verbrennen muss allerdings genauestens beachtet werden. Im Haushalt und in der Industrie sind Kunststoffe längst unverzichtbar. Immer neue und bessere Kunststoffe ermöglichen die Befriedigung nahezu jeden neu entstehenden Werkstoffbedarfs, den die Naturhinsichtlich der Menge und derQualität nicht decken kann. Dies schont letztlich die Naturprodukte, wie z.b. das Holz und damit die Wälder.

2. Welche Arten von Kunststoffen gibt es ?
   Beispiele für Herstellung, Eigenschaften und Verwendung

Nach ihrem Verhalten beim Erwärmen hat man die Kunststoffe in drei Gruppen unterteilt: **Thermoplaste, Duroplaste** und **Elastoplaste.**

Thermoplastische Stoffe erweichen beim vorsichtigen Erwärmen (bis etwa 250°C), ohne eine chemische Veränderung zu erfahren, und sie erstarren in gleicher Weise wieder bei der Abkühlung. Sie sind innerhalb bestimmter Temperaturen beliebig oft verformbar. Das thermoplastische Verhalten erklärt sich aus dem Aufbau der Moleküle – Thermoplaste bestehen aus fadenförmigen Makromolekülen, die nur durch schwache zwischenmolekulare Kräfte (Wasserstoffbrücken-Bindungen) zusammengehalten werden. Die beim Erwärmen auftretenden stärkeren Schwingungen lösen diese zwischenmolekularen Zusammenhalte, sodass die einzelnen „Fäden" (Ketten) sich voneinander unabhängig bewegen können.

Der bekannteste Vertreter der Thermoplaste ist das Polyäthylen. Sein Monomer ist das Äthen oder Äthylen. Dieses wird z.B. bei 100 bis 300°C und hohem Druck polymerisiert und dadurch zum Weichpolyäthylen synthetisiert. Beim Vorgang der Polymerisation brechen die entstehenden Makromolekülketten zum Teil auseinander und erzeugen ein weiches Material, das vor allem als Verpackungsfolie Verwendung findet. Bei geringerem Druck entsteht Hartpolyäthylen. Polyäthylene sind weiße, durchscheinende bis undurchsichtige, färbbare Massen mit fettig-wachsartigem Griff, geringer Dichte und niedrig liegendem Erweichungsintervall, wodurch diese Stoffe sehr biegsam und gut verformbar sind. Als reine Kohlenwasserstoffverbindungen sind sie wasserabstoßend, beständig gegen Säuren und Laugen, unzerbrechlich, geschmacks- und geruchsneutral und gute Isolatoren. Als Kabelmassen, Schüsseln und sonstiges Geschirr kommen sie in Industrie und Haushalt zur Anwendung.

Ein anderes Thermoplast ist das PVC (Polyvinylchlorid). Infolge seines hohen Chlorgehaltes ist es unbrennbar, erweicht bei etwa 80°C und wird bei Kälte spröde. Da es sich bereits vor seinem Schmelzpunkt zersetzt, entweicht dabei der giftige Chlorwasserstoff. Hart-PVC dient zur Herstellung von Behältern und Platten aller Art, aus Weich-PVC sind Produkte wie Kunstleder, Fußbodenbeläge und Netze.

Weitere Thermoplaste sind das Polystyrol (Grundlage für wärme- und schallisolierende Deckenplatten usw.), die Acrylkunststoffe (splitterfreies Glas), die Polyamide (Nylon, Perlon) und das Teflon. Letzteres ist der gegenüber Chemikalien beständigste Kunststoff, bleibt bei Temperaturen bis zu 250°C stabil und ist unbrennbar. Teflon dient als Isoliermaterial in der Elektrotechnik, zur Beschichtung von Pumpen, Röhren etc., zum Schutz gegen Chemikalien und hat abstoßende Wirkung auf klebrige Stoffe und ist daher die ideale Beschichtung für Pfannen und die Förderbänder der Bäckereien.

Duroplastische Kunststoffe bestehen aus vernetzten Makromolekülen, d.h. die einzelnen Molekülketten sind durch Elektronenpaarbindungen so miteinander verbunden,dass sie zu einem dreidimensionalen Netz verknüpft sind. Durch diesen Aufbau ist die Beweglichkeit der Einzelmoleküle sehr gering, wodurch sich z.B. erklärt, dass duroplastische Stoffe unschmelzbar sind.

Die mengen- und typenmäßig wichtigsten duroplastischen Stoffgruppen sind Phenol-Formaldehyd-Kondensationsprodukte (Phenolplaste) und Harnstoff-Formaldehyd-Kondensationsprodukte (Aminoplaste). Diese beiden Gruppen stehen neben den Polystyrolen und den Polyvinylchloriden mengenmäßig an der Spitze aller Kunststoffe.

Die Phenoplaste oder Phenolharze sind hart und weitgehend unlöslich. Beim Erhitzen auf 300°C verkohlen sie, ohne zu schmelzen. Sie sind ausnahmslos sehr schlechte Leiter für

Wärme und Elektrizität. C-Atome des Phenols reagieren kondensierend mit dem O-Atom des Formaldehyds. Das dadurch erhaltene 2-Hydroxyphenylmethanol ermöglicht weitere Kondensationsprozesse. Die Folge sind langkettige, dreidimensional vernetzte Produkte – bernsteinfarbene Edelharze, denen meistens später Füllstoffe (z.b. Holzmehl) beigemischt werden, die dann mit dem Kondensationsprodukt durchtränkt eine Pressmasse ergeben, die sich zu den verschiedensten Gebrauchsgegenständen verarbeiten lässt. Dies sind preiswerte Schalter, Radiogehäuse, Bechläge, Griffe, Knöpfe, Spielzeugwaren usw. mit isolierender Wirkung.

Aminoplaste entstehen aus der Kondensation des Formaldehyds mit Harnstoff. Auch hier bildet sich ein räumlich vernetzter Kunststoff, wobei die Vernetzungsreaktionen denen der Formaldehyd-Phenol-Reaktion entsprechen. Die Produkte sind ebenfalls nicht schmelzbar. Ausgehärtet sind die Aminoplaste geruchs- und geschmacklos. Aus einem der Kondensationsprodukte von Harnstoff und Formaldehyd, dem Pollopas, werden Telefone, Radios, Schalter, Stecker sowie Geschirr und Besteck hergestellt. Pollopas ist besonders leicht, gut färbbar und durch Hitze und Druck leicht härtbar.

Unter dem Namen **Elastoplaste** (oder Elastomere) werden der Kautschuk und synthetische kautschukartige Stoffe zusammengefasst. Die Elastizität dieser Substanzen ist bedingt durch ihre Molekülstruktur. Die Elastoplaste nehmen eine Zwischenstellung ein zwischen den Thermo- und den Duroplasten. Von den Thermoplasten unterscheiden sie sich dadurch, dass ihre langen Fadenmoleküle vereinzelt durch Brücken miteinander verbunden sind und von den Duroplasten dadurch, dass die Moleküle nicht starr vernetzt sind, sondern zwischen den Fixpunkten (den Brückenhaftpunkten) frei schwingen können. Es bilden sich Molekülknäuel. Diese Struktur ermöglicht eine Dehnung des Stoffes. Beim Ziehen gleiten Fadenmoleküle aneinander entlang, die Molekülknäuel werden gestreckt. Ein Abgleiten wie bei den Thermoplasten wird durch die Fixpunkte verhindert. Bei Nachlassen des Ziehens kehrt alles in die Ausgangsstellung, die geknäuelte Lage, zurück.

Aus dem Latex – dem eiweißhaltigen und wässrigen Milchsaft verschiedener tropischer Bäume – wird der darin enthaltene emulgierte Rohkautschuk gewonnen. Dieser ist klebrig und schmierig und verliert an der Luft allmählich seine elastischen Eigenschaften, außerdem wird er mit der Zeit brüchig. Um ihn technisch verwertbar zu machen, wird er mit 1 bis 5 % Schwefel geknetet und erhitzt. Dadurch verschwinden die unerwünschten Eigenschaften und der Katschuk wird innerhalb eines größeren Temperaturintervalls hochelastisch und zäh. Bei diesem Vorgang der Vulkanisierung schalten sich Schwefelatome zwischen die Doppelbindungen benachbarter Kettenmoleküle. So entsteht ein dreidimensionales Molekülgeflecht, dessen Teile sich noch innerhalb gewisser Grenzen verschieben können; das Ergebnis ist hochelastischer Weichgummi. Bei Vulkanisierung mit 15 bis 30 % Schwefel entsteht hingegen Hartgummi, der sehr fest und nicht mehr dehnbar ist.

Stoffe mit besonders wertvollen Eigenschaften erhält man bei der Polymerisation von Gemischen aus verschiedenen Dienen, z.b. von Gemischen des Butadiens mit den Verbindungen Styrol und Acrylnitril. Eine Variierung der Mischungsverhältnisse bewirkt, dass manche Polymerisate besonders abriebfest, andere z.b. besonders ölbeständig sind. Diese kautschukartigen Massen, aus denen besonders Matratzen und wärmedämmende Produkte hergestellt werden, gewinnt man durch die sogenannte Emulsionspolymerisation. Dabei werden die Monomere (z.b. 70 % des Butadiens und 30 % Styrol) durch geeignete Emulgatoren gelöst und mit einem Katalysator versetzt. Die durch die Emulsion geschaffenen Moleküle sind länger und neigen nicht so stark zur Vernetzung, wodurch die Produkte größere Elastizität sowie große Abnutzungs- und Zerreißfestigkeit aufweisen als der Naturkautschuk.

Elastomere sind nicht umformbar, federn also immer wieder zurück, und sie brennen mit leuchtender Flamme, während die anderen Kunststoffarten weniger leicht entflammbar sind bzw. nur rußend oder tropfend brennen und zum Teil sogar selbstlöschend sind, sie sind also nur in der Flamme brennbar.

3. Ergänzende Bemerkungen

Allgemein lässt sich sagen, dass Kohlenwasserstoffe meistens die Grundlage für die chemischen Reaktionen bilden. Alle Kunststoffe werden nach dem Prinzip der Polymerisation erzeugt, wobei die genaue Vorgehensweise entscheidend dafür ist, welche Eigenschaften das Endprodukt haben wird. Durch Zusatzstoffe wie Weichmacher, Füllstoffe, Lichtschutz-, Farb- oder Treibmittel lassen sich alle Eigenschaften noch weiter verfeinern. Der Transport von Kunststoffen erfolgt oft in Pulver- oder Granulatform. Bei allen Kunststoffen spielen durch Peroxide eingeleitete Kettenreaktionen eine besondere Rolle. Kunststoffe sind zumeist schlechte Wärmeleiter; eine Kunststoffschaumschicht von 1 cm Stärke hat das gleiche Isoliervermögen wie 15 bis 20 cm Ziegelstein. Seit den frühen 80er Jahren entwickelt man zunehmend abbaubare Kunststoffe, die für die Umwelt von großem Vorteil sind, vor allem im Falle von Verpackungsmaterial und Tragetaschen.

Die Kunststoffproduktion liegt wegen der hohen Entwicklungs- und Produktionskosten ausschließlich bei Großunternehmen, in Deutschland BASF,Hoechst und Bayer; größter Produzent sind aber die USA, wobei die Kapazitäten Ostasiens am stärksten steigen. Der größte Absatzmarkt für Kunststoffe ist die Bauindustrie, in der zwar nur ein geringer Kunststoffanteil verwendet wird, die aber auf Grund ihres riesigen Marktes dennoch etwa ein Fünftel des Weltkunststoffverbrauchs beansprucht. Bedeutsam ist natürlich die Verpackungsindustrie – Papier, Pappe, Holz, Blech, Glas und Jute wurden weltweit immer mehr vom Kunststoff verdrängt, obwohl es auch gegenläufige Tendenzen gibt und vor allem in Europa Leinen oder Jute wieder an Bedeutung gewinnen als Material für Tragetaschen, aber das sind noch Ausnahmen. 1955 wurden etwa 5 kg Kunststoff proAuto verarbeitet, heute etwa 100 kg. Die Autoindustrie ist der größte Markt für harte Kunststoffe. In der Landwirtschaft und im Gartenbau werden große Mengen Kunststoff zum Abdecken der Pflanzen verwendet, um die Austrocknung des Bodens und den Anflug von Unkrautsamen zu verhindern, der Kunststoff ist wetterfest und konkurrenzlos preiswert. Kunststoffe in Fadenform (Nylon-, Polyester- und Acrylfasern) erobern den Textilmarkt und das ist auch unvermeidbar, wenn die wachsende Weltbevölkerung gekleidet sein will, denn andernfalls würde eine Produktionssteigerung der Naturfasern irgendwann zur Beeinträchtigung der Produktion von Nahrungspflanzen führen. Polyester ist wie jeder Kunststoff nicht magnetisch und daher sind daraus heutzutage die Marinefahrzeuge gefertigt, da Radarstrahlen sie nicht mehr erfassen können.

4.   Verwendete Literatur

1) Höfling, Oskar   : Physik, Band I, Hamburg / Würzburg
    1975.
2) Lüthje, Hans (Hrsg.) : Lehrbuch der Chemie, Frankfurt am Main
    1967.
3) Neue Enzyklopädie der Erde, Band 7, S. 1608 ff.: "Kunststoffe",
    Mannheim 1984.